Sebastian Kolb

Grundlagen der Bioerdgaserzeugung

GRIN Verlag

Bibliografische Information der Deutschen Nationalbibliothek:

Die Deutsche Bibliothek verzeichnet diese Publikation in der Deutschen Nationalbibliografie; detaillierte bibliografische Daten sind im Internet über http://dnb.d-nb.de/ abrufbar.

Impressum:

Druck und Bindung: Books on Demand GmbH, Norderstedt Germany
ISBN: 978-3-656-33075-2

Dieses Buch bei GRIN:

http://www.grin.com/de/e-book/205651/grundlagen-der-bioerdgaserzeugung

Grundlagen der

Bio-Erdgaserzeugung

Autor: Sebastian Kolb

Verfasst: Mai 2011

Inhaltsverzeichnis

Zusammenfassung

Die Biogasgewinnung ist eine in Deutschland schon seit vielen Jahren genutzte Technik die durch innovative Möglichkeiten der Aufbereitung zu Bio-Erdgas, welche in den letzten Jahren entstanden sind, einen deutlichen höheren Anreiz, auch ökonomischer Natur hinzu gewonnen hat. Die Biogasgewinnung und Nutzung kann in der Zukunft einen deutlichen Teil dazu beitragen den deutschen, aber auch den weltweiten Energiebedarf zu decken, was vorteilhafterweise mit einem sehr geringen Ausstoß an klimaschädlichen Gasen verbunden ist.

Die vorliegende Ausarbeitung zur Biogasproduktion und deren Aufbereitung zu Bio-Erdgas hat ergeben, dass bereits sehr viele Formen dieses Verfahrens existieren, die auf dem Markt angeboten und auch betrieben werden und welche jetzt und noch zunehmend in absehbarer Zeit ökonomisch vertretbar und gewinnbringend nutzbar sind. Die Kosten für die Biogasproduktion und deren Aufbereitung zu Bio-Erdgas variieren je nach Anlagentyp und genutzten Substraten, dies allerdings im Durchschnitt auf geringem Niveau, wobei die größten Kosten in der Investition beim Anlagenbau liegen, da die laufenden Kosten bei Betrieb eher gering ausfallen.

Eine Versorgung der Biogasanlagen mit den zum Betrieb nötigen Substraten ist insoweit unproblematisch, da verschiedenste Formen von nachwachsenden Rohstoffen genutzt werden können, wie auch alle Formen von organischen Abfällen aus Industrie, Landwirtschaft oder privaten Betrieben und Liegenschaften. Somit dient die Biogasgewinnung auch der Nutzung und Aufbereitung von Abfällen und macht diese nach der Biogasgewinnung in Form von Reststoffen zu einem idealen Dünger für die landwirtschaftliche Nutzung. Diese Art der Gasgewinnung ist gerade in kleineren dezentralen Biogas Anlagen äußerst effektiv und somit ideal für die Nutzung in landwirtschaftlichen Betrieben oder kleineren Industrieanlagen. Gerade für diese gibt es heute bereits Produzenten welche die Anlagen schlüsselfertig liefern und aufstellen.

Das produzierte Biogas kann direkt vor Ort genutzt oder aber in Erdgasqualität als sogenanntes Bio-Erdgas aufbereitet und ins Erdgasnetz eingespeist werden. Dies macht es standortunabhängig und kann somit dort genutzt werden, wo es gebraucht wird. Das jedoch muss vertraglich geregelt werden. Diese Bestimmungen werden gerade in einer Gesetzesinitiative mit dem Namen Erneuerbares-Gas-Einspeisegesetz neu geregelt und sollen den Prozess weiter vereinfachen. Zurzeit wird die Einspeisung von Bio-Erdgas noch durch sogenannte Biomethanhändler, in Form von verschieden Firmengruppen, gehandhabt. Diese planen und verwalten die Einspeise- und Ausspeiseverträge von Produzenten, Netzbetreibern und Abnehmern in Gasbilanzkreisläufen. Da der gesamte Ablauf allerdings sehr aufwendig ist, stellt die genannte Gesetzesinitiative einen guten Schritt in Richtung Vereinfachung der Produktion. Vermarktung und Verwaltung der Biogastechnik dar.

Der Produktion von Biogas, sowie der Aufbereitung zu Bioerdgas liegt ein technisch komplizierter Prozess zugrunde, der allerdings durch Innovationen in den letzten Jahren vereinfacht wurde und heute schon in vielen Anlagen auch in Deutschland genutzt wird. Ein Ausbau und eine weitere Förderung dieser Technik sind zu wünschen, da sie den Anteil an klimaschädlichen Gasen bei der Energiegewinnung verringert und den Anteil von regenerativen Energien „Made in Germany“ vergrößert.

1. Einführung in das Thema

1.1 Grundlagen und Hintergründe der Thematik

Die weltweit steigende Nachfrage nach Energie hat in den letzten Jahren dazu geführt, dass sich ein Umdenken in der Technik der Primärenergiegewinnung eingestellt hat. Es wurde erkannt, dass die fossilen Energieträger endlich und immer schwerer zugänglich sind. Dieses Umdenken führte dazu, dass Länder wie Deutschland, die keine größeren Vorräte an fossilen Energieträgern besitzen, sich langfristig Alternativen überlegen müssen.

Aus diesem Problem heraus wurden Techniken zur Energiegewinnung aus Sonneneinstrahlung, Windkraft und Wasserkraft herausgebildet. Des Weiteren wurden neue Formen der Wärme- und Energiegewinnung erforscht und eingesetzt, wie z.B. die Wärmetauschertechnik mit Erdwärme.

Einen eigenen Bereich bildet die Gewinnung von biologisch angebauten, nachwachsenden Energieträgern. Die Verwendung von Bioethanol und Biogas rückt dabei immer stärker in den Fokus. Sie sind mit den normalen Anlagen und Prozessen der Energieumwandlungskette, wie z.B. Verbrennungsmotoren, nutzbar. Zudem können auch Reststoffe oder Abfälle herangezogen werden, um Kraftstoffe zu gewinnen.

Die Gewinnung von Biogas und die Aufbereitung zu Bioerdgas sind das Thema dieser Ausarbeitung. Die Nutzung und Verbrennung des Biogases können dabei aufgrund der Komplexität nur angerissen werden.

Ein großer Vorteil dieser Biogastechnik ist es, dass durch diese die Form der dezentralen Energiegewinnung und die zugehörigen Regionen, in denen die Anlagen betrieben werden, gefördert werden. Dies ist einerseits durch die Unabhängigkeit von Energiezulieferern möglich und andererseits durch die Nutzung der eigenen Agrarflächen und Abfälle, aber auch durch die Schaffung von Arbeitsplätzen vor Ort. (Agentur für Erneuerbare Energien, 2010)

Der Nutzen für die Umwelt, d.h. die Einsparung von CO_2 und anderen klimaschädlichen Gasen ist ein weiteres Argument, dieser Technik Aufmerksamkeit zu schenken. So geht man heute davon aus, dass weniger als die Hälfte des CO_2 verursacht wird, wenn Biogas anstelle von normalem Erdgas genutzt wird. Somit kann man mit Biogas den Energiebedarf vorhandener Systeme decken, ohne deren Funktionsweise zu verändern. Zudem wird dadurch der Ausstoß von klimaschädlichen Gasen vermindert. (Agentur für Erneuerbare Energien, 2010)

Die Gewinnung und Nutzung von Biogas und Bio-Erdgas ist auch in Bezug auf die bundespolitischen Ziele im Bereich der Nutzung von erneuerbaren Energien und der CO2-Einsparung zielführend. Die Agentur für erneuerbare Energien hat eine Studie zum Thema des Potentials von erneuerbaren Energien im Dezember 2009 veröffentlicht. Aus dieser geht hervor, dass aus in Deutschland gewonnener Biomasse, welche zu Biogas verarbeitet wird, ein Anteil von über 20% des Kraftstoffverbrauchs, 13 % des Wärmeenergiebedarfs und 9 % des elektrischen Energiebedarfs der Bundesrepublik gedeckt werden kann. Dies kann dementsprechend einen erheblichen Anteil an der Einsparung von klimaschädlichen Gasen zur Folge haben kann.

1.2 Stand der Technik

Die Gewinnung von Bioerdgas lässt sich in zwei große verfahrenstechnische Schritte einteilen. Dazu zählen zum einen die Biogasgewinnung im Zusammenhang mit der Vergärung und zum anderen die Biogasaufbereitung zu Bioerdgas, welche für die weitere Nutzung besonders interessant ist.

Die Biogasgewinnung ist ein Verfahren, das schon seit vielen Jahren zur Anwendung kommt, insbesondere durch Landwirte. Sie verwenden ihre Abfallprodukte sowie produzierte Nutzpflanzen, um sie zu fermentieren und daraus Biogas zu gewinnen. In der Regel wird das gewonnene Gas vor Ort in einem BHKW verbrannt. Die erzeugte elektrische Energie wird vom Betreiber direkt genutzt oder ins Netz eingespeist. Die thermische Energie wird zu einem kleineren Teil für Prozesszwecke (z. B. Fermenterbeheizung) sowie zur Deckung des eigenen Wärmebedarfs genutzt. In vielen Fällen ist der Wärmebedarf vor Ort über lange Zeiträume kleiner als das

Energiedargebot, so das ein erheblicher Teil der Wärme über Kühler nutzlos an die Umgebung abgegeben werden muss.

Der Bereich der direkten Nutzung hat sich in den letzten Jahren dahingehend geändert, dass es durch technische Innovationen möglich geworden ist, verschiedene Nutzpflanzen sowie Abfälle aus der Landwirtschaft und organische Industrieabfälle zur Vergärung zu nutzen. Dies hat das Spektrum der Biogasgewinnung erheblich vergrößert und zu einem Zuwachs interessierter Unternehmen geführt.

Die Aufbereitung von Biogas zu Bioerdgas ist hingegen eine Technik, die erst seit wenigen Jahren genutzt wird. Diese Aufbereitung hat die Möglichkeiten zur Nutzung erweitert und dazu geführt, dass das aufbereitete Gas auch über das Erdgasnetz transferiert werden kann. Für diesen feingliedrigen Prozess gibt es inzwischen verschiedenste Verfahrensweisen, welche im Folgenden näher erläutert werden.

Das durch die Aufbereitung von Biogas gewonnene Bioerdgas kann bei entsprechender Behandlung ins Erdgasnetz eingespeist werden und ist dadurch nicht mehr an den Produktionsstandort gebunden. Während das Biogas nur direkt genutzt wurde, um elektrische und thermische Energie vor Ort zugewinnen, kann das Bioerdgas nun über das Erdgasnetz von jedem beliebigen Abnehmer genutzt werden. Das Bioerdgas kann dann wiederum auch z.B. in einem BHKW genutzt werden, um elektrische und thermische Energie zu gewinnen, jedoch kann dies nun dort geschehen wo ausreichender Energiebedarf vorhanden ist. Dies ist vor allem ein Fortschritt in der Nutzung der Wärmeenergie, da diese meist am Produktionsstandort nicht in dem Maße benötigt wird, wie er vorhanden ist.

1.3 Begriffs- und Abkürzungserklärung

- **BHKW:** Block-Heiz-Kraftwerke sind Verbrennungskraftmaschinen, welche in verschiedenen Baugrößen von 5 bis über 5.000 KW angeboten werden. Sie werden mit verschiedenen Brennstoffen, wie z.B. Erdgas/Biogas oder Diesel betrieben. Meist kommen Motoren mit interner Verbrennung zum Einsatz (i.d.R. Otto- und Dieselmotoren), seltener mit externer Verbrennung (Stierlingmotoren). Deren Besonderheit ist es, dass sie aus der Verbrennung von Energieträgern gleichzeitig Strom und Wärme erzeugen (Kraft-Wärme-Kopplung) und so in der Summe einen sehr hohen Wirkungsgrad erzielen.
- **DVGW:** Deutscher Verein des Gas- und Wasserfaches e.V. Der DVGW ist der technisch-wissenschaftliche Verein im Gas- und Wasserfach der technische Standards festsetz und Innovation des Faches antreibt und weiterentwickelt.
- **Fermentieren:** Fermentieren ist Synonym für die Vergärung, welche in einem Silo zur Biogasgewinnung entsteht. Diese Silos werden auch Fermenter genannt.
- **Gärrest:** Dieser beschreibt die nach der Vergärung im Fermenter einer Biogasanlage zurückbleibenden Fest und Flüssigstoffe, welche nach dem Abtransport zumeist als hochwertiger Dünger Verwendung finden.
- **Hydrolyse:** Unter dieser versteht man die Aufspaltung einer chemischen Verbindung durch Anlagerung eines Wassermoleküls. Chemisch gesehen ist der Dipol-Charakter des Wassermoleküls für die Spaltung eines Stoffes verantwortlich.
- **Marktakteure:** Darunter sind in diesem Zusammenhang die verschiedenen Akteure des Einspeise-, Transport- und Ausspeiseprozesses zu verstehen.
- **Nachwachsende Rohstoffe (NaWaRo):** Als diese werden alle pflanzlichen Produkte beschrieben, welche in der Land- und Forstwirtschaft produziert werden können, d.h. Feldfrüchte wie Mais, Roggen oder Soja, aber auch Hackschnitzel aus Baumschnitt.

- **Primärenergie:** Primärenergie beschreibt alle Energieformen, welche von der Natur zur Verfügung gestellt werden. Dies sind einerseits fossile Energieträger z.B. Kohle, Öl Gas, aber auch regenerative Energieformen wie z.B. Sonnen- und Windenergie oder Biomasse.

- **Substrat:** In unseren Fall spricht man bei den zur Biogaserzeugung eingesetzten Rohstoffen von einem Substrat. Dieses setzt sich je nach Anlage aus verschiedenen organischen Abfallstoffen, nachwachsenden Rohstoffen oder Mist und Gülle zusammen.

- **Tricale:** Ist eine speziell gezüchtete Getreideart mit ihrem Ursprung aus der Kreuzung von Weizen und Roggen. Der Name setzt sich aus den Anfangs- und Endbezeichnungen der lateinischen Bezeichnung von Roggen und Weizen zusammen.

- **Verbrennungsmotor:** Als dieser werden alle Wärmekraftmaschinen bezeichnet, welche chemische Energie (Benzin, Gas u.ä.) durch Verbrennung in mechanische und thermische Energie umwandeln.

- **Wobbeindex:** Der Wobbeindex, auch als Wobbezahl, Wobbekennzahl oder Wobbewert bezeichnet, beschreibt und charakterisiert die Qualität von brennbaren Gasen, welche je nach Zusammensetzung unterschiedlich seien können. Je nach Erdgasnetzregion kann dieser verschieden sein.

- **Zeolithe:** Auch Stoffgruppe genannt, beschreibt dieser eine in der Natur vorkommende, aber synthetisch herstellbare Alumosilikate, also auf Aluminium basierende Kristallstrukturen, welche Wasser und andere niedermolekulare Stoffe aufnehmen können.

2. Biogasgewinnung

2.1 Verwendete Grundstoffe

Eine Biogasanlage kann mit verschiedenen Grundstoffen oder Substraten betrieben werden. Daraus ergibt sich eine Vielzahl von Möglichkeiten, da einerseits nachwachsende Rohstoffe (im folgenden NaWaRo abgekürzt) und andererseits jede organische Form von Abfall zur Herstellung von Biogas genutzt werden kann.

Die im Folgenden als Substrat bezeichneten, verwendeten Rohstoffe lassen sich wie folgt aufteilen: (Agentur für Erneuerbare Energien, 2010)

- NaWaRo: Diese sind in fast jeder bekannten Form zur Biogasgewinnung nutzbar. Am meisten werden jedoch Mais, Ganzpflanzensilage aus Roggen oder Tricale, Zuckerrüben, Grassilage, aber auch Holzhackschnitzel u. ä. Holzreste verwendet. Des Weiteren werden Sonnenblumen, Sojapflanzen, Weizen und Gerste sowie andere Pflanzen, deren Nutzbarkeit gerade erprobt wird, herangezogen.
- Rückstände aus der Tierhaltung: Zum einen wird der Mist aus der Haltung von Zucht- und Masttieren, wie z.B. Schweinen, Hühnern, Rinder usw. genutzt, zum anderen aber auch die Gülle, welche in fast jedem landwirtschaftlichen Betrieb im Übermaß vorhanden ist
- Organische Reststoffe: Hiermit sind Reste aus der Agrarindustrie gemeint wie z.B. Malzreste aus der Bierherstellung oder Stärke aus der Kartoffelverarbeitung. Es sind aber auch ganz allgemein private oder industrielle Bioabfälle sowie Speise- und Fettreste aus Großküchen nutzbar.
- Sonstige Substrate: Es gibt noch viele weitere Möglichkeiten, welche jedoch entweder erst in der Erprobungsphase sind, wie viele Formen industriellen Abfalls, oder aber nur in kleinen Maße zugänglich sind, wie z.B. Reste aus der industriellen Nahrungsverarbeitung.

Während sich der Vergärungsprozess bei allen Substraten relativ ähnlich verhält, unterscheiden sich die einzelnen Substrate teilweise deutlich in ihrem Methangehalt und dann in der Folge im erzeugten Biogas. So eignen sich manche Substrate besser als andere, wobei wiederum andere leichter zugänglich sind. Dementsprechend werden sie untereinander oft gemischt, um den Methanertrag zu steigern, z.B. Maissilage 70 % mit 30 % Rindergülle. Der Methangehalt der einzelnen aus dem Substrat entstehenden Biogase lässt sich durchschnittlich wie folgt beziffern:

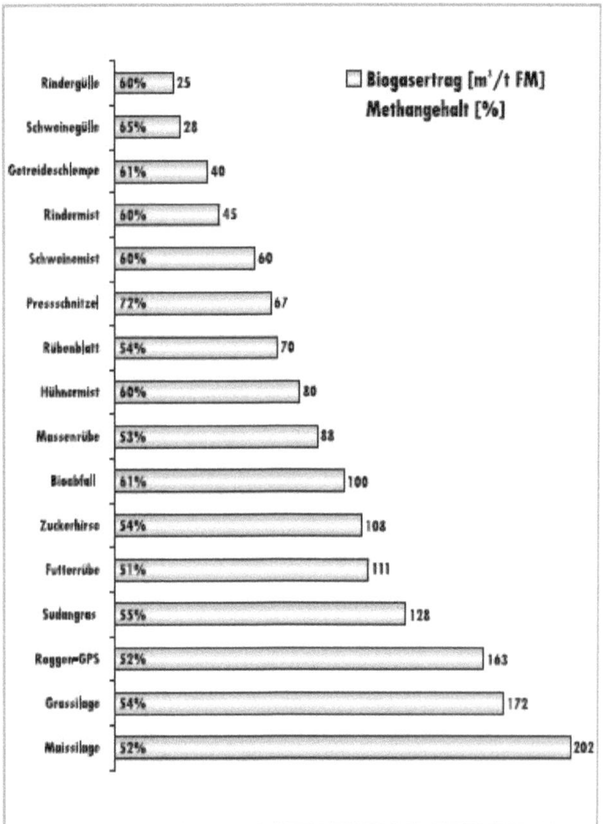

Abb. 2.1: Methangehalt von verschiedenen Substraten (t FM - tonne Frischmasse)

Diese Grafik zeigt zum einen, dass der Methangehalt im Biogas stark variiert. Zum anderen gibt es erhebliche Unterschiede bei der Gasausbeute der einzelnen Substrate. Dies macht deutlich, weshalb das oben genannte Beispiel der Mischung aus Maissilage und Rindergülle sinnvoll ist. Maissilage besitzt einen hohen Gasertrag, jedoch nur mit einem geringen Methangehalt. Bei Rindergülle ist die Zusammensetzung entgegengesetzt. Somit ergänzen sich die beiden Substrate sehr gut und werden deshalb häufig in der Biogasgewinnung zusammen genutzt. (FNR, Durchblick Erneuerbare Energiepflanzen, 10.2010)

2.2 Aufbau und Funktion einer Biogas Anlage

Eine Biogasanlage besteht generell aus einer Vorgrube, dem Fermenter, dem Reststoffseperator, einem Endlager und besitzt zudem bei größeren Anlagen eine Notgasfackel.

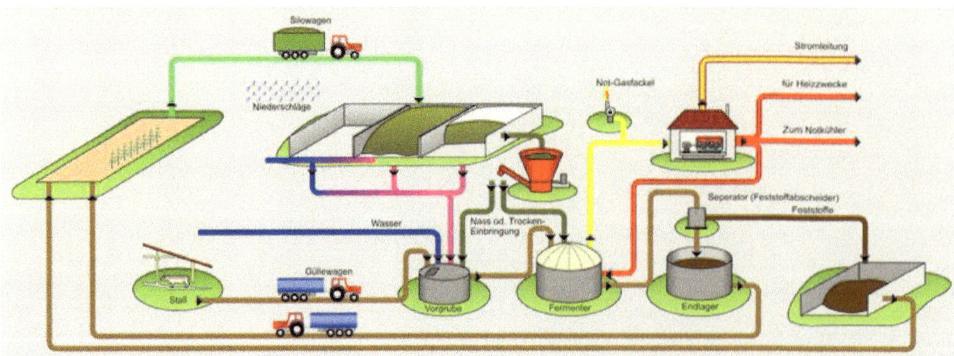

Abb. 2.2.: Funktionsschema einer Biogasanlage

Die Abb. 2.2. zeigt den schematischen Ablauf einer Biogasanlage: von der Herkunft des Substrats bis zum genutzten Endprodukt in Form von Biogas, welches dann in diesem Schema in einem BHKW zur Verwendung kommt.

Der Prozess beginnt in der Vorgrube. In diese wird das jeweils zur Nutzung gewünschte Substrat gegeben. Das Substrat ist entweder am Standort direkt vorhanden und wird dort gelagert oder aber angeliefert. Die Bestandteile, die in die Vorgrube gegeben werden, bestimmen dann den weiteren Ablauf der Vergärung im Fermenter. Das gesammelte Substrat wird in den Fermenter befördert. Dies geschieht je nach Flüssigkeitsgehalt über Rohre oder Förderbänder. (Biogasportal, 2010)

Die Vergärung lässt sich unterscheiden in Nass- oder Trockenfermentierung. Dies ist abhängig von der Substratzusammensetzung. Während bei der Trockenfermentierung Grassilagen, Biomüll oder ähnlich faserhaltige Substrate zum Einsatz kommen, werden bei der Nassfermentierung eher flüssigere Substrate verwendet. In der Nassfermentierung wird kontinuierlich neues Substrat zugeführt und dementsprechend Reststoffe und Biogas entnommen. Bei der Trockenfermentierung hat man einen Prozess von der Füllung bis zur Leerung des Fermenter, welcher nicht unterbrochen wird. Das gewünschte Biogas kann erst nach einer Dauer von ca. 25-40 Tagen nach Beendigung des Prozesses abgeführt werden. (Biogaspartner, 05.2010)

Die Trockenfermentierung hat den Vorteil, dass sie wartungsärmer ist, da keine zusätzlichen Komponenten im Fermenter notwendig sind. Zudem ist der Schwefelwasserstoffgehalt (H_2S) im Durchschnitt geringer, was auf die Substratzusammensetzung zurückzuführen ist. Die Nassfermentierung ist ein kontinuierlicher Prozess, der in den weiteren Verarbeitungsschritten eine gewisse Kontinuität ermöglicht und damit leichter zu steuern und regeln ist. Jedoch sind hierfür Pumpen und Ruhrwerke im Fermenter notwendig, welche den Wartungsaufwand und dementsprechend die Prozesskosten erheblich erhöhen. (Biogaspartner, 05.2010)

Der Vergärungsprozess im Fermenter, bei dem das Substrat durch Mikroorganismen zersetzt wird, lässt sich in vier miteinander zusammenhängende biologische Teilprozesse aufteilen. Diese Phasen lassen sich wie folgt beschreiben: In der ersten Phase, der Hydrolyse, wird das Substrat verflüssigt. Das flüssige Substrat wird in der zweiten Phase, der Versäuerungsphase, in organische Säuren umgewandelt. Die dritte Phase des Vergärungsprozesses lässt die organischen Säuren Essigsäuren bilden und wird deshalb als Phase der Essigsäurebildung bezeichnet. Als letztes bildet sich aus den Essigsäuren in der vierten und letzten Phase vornehmlich Methan, Kohlendioxid und Schwefelwasserstoff. Diese Phase beschreibt man als die Methanphase. (Biogasportal, 2011)

Die in den vier Phasen frei werdenden Gase, welche sich nun in ihrer Zusammensetzung Biogas nennen, können je nach Substratart in der Zusammensetzung variieren. Um diese Varianten zu vereinheitlichen und einen möglichst gleichbleibendes Biogas zu erhalten, gibt es verschiedene Aufbereitungsmöglichkeiten, die im folgenden Kapitel näher erläutert werden.

Bei dem Vergärungsprozess darf auch die Temperatur nicht vernachlässigt werden, bei der der Prozess stattfinden kann. Während die Mikroorganismen schon eine eigene Prozesswärme bei ihrem Stoffwechsel hervorrufen, muss der Fermenter noch weiter erhitzt werden um einen optimalen Prozess zu erreichen. Wenig verbreitet ist der Bereich der psychrophilen Temperaturen, dieser liegt bei 15-25°C. Dieser hat eine geringe Gasausbeute, muss allerdings auch nicht sehr stark mit Wärmeenergie von außen versorgt werden. Am weitesten verbreitet ist der sogenannte mesophile Temperaturbereich 32 - 42°C, da dieser eine hohe Gasausbeute gewährleistet und eine hohe Prozessstabilität gewährt. Ein anderer Temperaturbereich der genutzt werden kann, ist der Bereich der thermophilen Vergärung. Dieser liegt bei 50-57°C. Er wird genutzt, wenn eine Hygienisierung des Substrats benötigt wird, um im Substrat vorhandene Keime abzutöten, z.B. bei der Nutzung von Klärabfällen als Substrat. Dieser hohe Temperaturbereich liefert eine höhere Gasausbeute als die niedrigeren Temperaturbereiche. Jedoch ist der Vergärungsprozess in diesen Temperaturbereichen anfälliger für Störungen und der höhere Wärmeenergiebedarf setzt die Wirtschaftlichkeit der Anlage herunter. Hierbei ist auch darauf zu achten, das im Falle dieser hohen Temperbereiche der Fermenter auch besser wärmegedämmt werden muss, um nicht zu viel der zugeführten Wärme zu verlieren, was die Investitionskosten wiederum steigert. (Biogasportal, 2010)

Das gewonnene Biogas kann dann entweder zu Bioerdgas aufbereitet werden, was in Kapitel 3 noch näher behandelt wird, oder aber direkt vor Ort im BHKW-Betrieb genutzt werden, um Elektro- oder Wärmeenergie zu gewinnen. Für die direkte Verbrennung ist je nach Substrat Zusammensetzung auch eine Aufbereitung nötig. Da das Biogas auf einen gewissen Trockenheitsgrad gebracht werden muss, um im BHKW effektiv genutzt werden zu können und gegebenenfalls eine Entschwefelung um die Abgasverordnungen einhalten zu können.

Die anderen flüssigen und festen Reste des vergorenen Substrats werden als Reststoffe ins Endlager befördert. Diese müssen meistens nochmal getrennt werden. Dies geschieht in einem Reststoffseperator, um deren späteren Einsatz zu erleichtern. Die letzte Komponente die mit dem eigentlichen Biogasgewinnungsprozess zusammenhängt, ist die Not-Gasfackel. Diese dient zur Verbrennung von überschüssigen Gasen, welche während dem Prozess anfallen. (Biogaspartner, 05.2010)

2.3 Endprodukte

2.3.1 Biogase

Das im Fermentierungsprozess gewonnenen Gasgemisch nennt man Rohbiogas bzw. Biogas. Es besteht aufgrund der Substratzusammensetzung aus ca. 45-70% Methan (CH_4), aus 25-50 % aus Kohlenstoffdioxid (CO_2) sowie aus geringen Anteilen von Schwefelwasserstoff (H_2S), Ammoniak (NH_3) und Wasserdampf (H_2O).
Dieses kann nun vor Ort , wie in Kap. 2.2 beschrieben z.B. in einem BHKW verbrannt werden um daraus elektrische Energie und Wärme für den Prozess und den Eigenverbauch zu gewinnen. Dies ist die zurzeit am weitesten verbreitete Nutzungsart. Hierbei wird zumeist zwar die elektrische Energie direkt genutzt oder eingespeist, die Wärmeenergie jedoch wird kaum genutzt und zumeist über zusätzliche Kühler an die Umgebung abgegeben und bleibt somit größtenteils ungenutzt. Eine andere Möglichkeit ist es, das Biogas aufzubereiten, um es dann ins Erdgasnetz einzuspeisen, was es dann infolge unabhängig vom Produktionsstandort macht. Hierzu folgt unter Kapitel 3 die Beschreibung der Aufbereitungstechnik und unter Kapitel 4 deren Ökonomie. (Deutsche Energie Agentur, 05.2010)

2.3.2 Reststoffe

Als Reststoffe bezeichnet man alle im Fermenter verbliebenen Flüssig- und Feststoffe, welche abtransportiert und teilweise getrennt weiterverarbeitet werden. Diese können auch als Gärrest bezeichnet werden.

Dieser Gärrest kann nun als Dünger verwendet werden und ist gerade als solcher in der Landwirtschaft auch sehr gut verwendbar. Die genaue Zusammensetzung des Gärrestes unterscheidet sich abhängig vom verwendeten Substrat, doch hat er meist hohe Mengen an leicht pflanzenverfügbaren Stickstoff, Phosphor, Kalium, Schwefel und weiteren Spurenelementen. Durch diese Zusammensetzung ist der Gärrest als hochwertiger organischer Dünger sehr begehrt und kann somit leicht vertrieben werden. Durch diesen sinnvollen Verwendungszweck ist es möglich, dass bei der Biogasgewinnung keine unverwertbaren Reststoffe entstehen, welche als Abfall auf Deponien gelagert werden müssten. Somit ist eine vollständige Nutzung der eingesetzten Stoffe möglich. (FNR, 12.2010)

3. Biogasaufbereitung

3.1 Grundlagen der Aufbereitung

Das in Biogasanlagen gewonnene Biogas kann zwar direkt zur Gewinnung von elektrischer oder thermischer Energie genutzt werden, indem dieses als Kraftstoff in einem Blockheizkraftwerk zum Einsatz kommt. Die Wärmeenergie ist jedoch an den Anlagenstandort gebunden und kann nur mit großem Aufwand an andere Bestimmungsorte transferiert werden. Aus diesem Grund wurden Verfahren entwickelt, welche das Biogas reinigen und aufbereiten. Das daraus entstandene Biomethan kann dadurch in das Erdgasnetz eingespeist werden oder in einer anderen Form genutzt werden.

Ende 2009 gab es in Deutschland knapp über 30 eingetragene Anlagen, welche die beschriebene Veredelung von Rohbiogas durchführen. Für die Jahre 2010 und 2011 waren weitere 20 bis 30 in Planung. Aufgrund von Fördermaßnahmen von Bund und Ländern und angetrieben durch technische und ökonomische Innovationen ist ein erhebliches Wachstum der Biogasaufbereitungsanlagen in Aussicht. (Deutsches Biomasse Forschungszentrum, 2010)

Die Aufbereitung verläuft in mehreren Schritten, bei denen das Biogas getrocknet und von Fremdgasen gereinigt wird. Das entstandene Endprodukt besitzt dann die Zusammensetzung des im Netz vorhandenen Erdgases. Von besonderer Bedeutung sind dabei der Methangehalt und damit die Energiedichte des Gases. Dieser ist je nach Region gerade auch in Deutschland sehr unterschiedlich und muss durch die Aufbereitung an die örtlichen Bedingungen angepasst werden. (Biogaspartner, 2011)

Grundsätzlich teilt man die Erdgasqualität in zwei Klassen ein:

- Erdgas L, d.h. Erdgas „low“, dieses hat einen Gehalt von ca. 89% an brennbaren Gasen. Davon größtenteils Methan, aber auch Ethan, Propan, Butan und Pentan.
- Erdgas H, d.h. Erdgas „high“, dieses hat einen Gehalt von den genannten brennbaren Gasen von ca. 97 %.

Das Biogas muss auf dieses Niveau aufbereitet werden, um ins Erdgasnetz eingespeist werden zu können. Zeigt es nach der Aufbereitung keine Qualitätsunterschiede zu dem in der Leitung vorhanden Erdgas, kann es als sogenanntes „Austauschgas" ins Netz, je nach Vertrag jedoch, ohne weitere Auflagen eingespeist werden. Ist es in seiner Zusammensetzung nicht äquivalent, kann es nur als sogenanntes „Zusatzgas" eingespeist werden und dient somit nur als Mischgas. Dieses darf nicht in dem Maße eingespeist werden wie höherwertiges Austauschgas. Entscheidend für die Einstufung des Gases ist der Wobbeindex. Dieser Index charakterisiert Qualität und Brennwert eines Gasgemisches oder einzelnen Gases. Die Angleichung der Qualität des erzeugten Biogases an die des Erdgasnetzes kann in den Einspeisestationen erfolgen, welche im Kapitel 3.7 erläutert werden. (Biogaspartner, 2011)

Die Aufbereitung von Biogas lässt sich einteilen in Entschwefelung, Gastrocknung, CO_2 - Abtrennung, Genosorb- und Aminwäsche. Sie kann auf verschiedene Weisen durchgeführt werden. Um das gewünschte Ergebnis zu erzielen, müssen die einzelnen Schritte in Verbindung oder nacheinander stattfinden, wie Abb. 3.2 zeigt Die gängigen Techniken der Biogasaufbereitung werden im Folgenden dargestellt. (Biogaspartner, 2011)

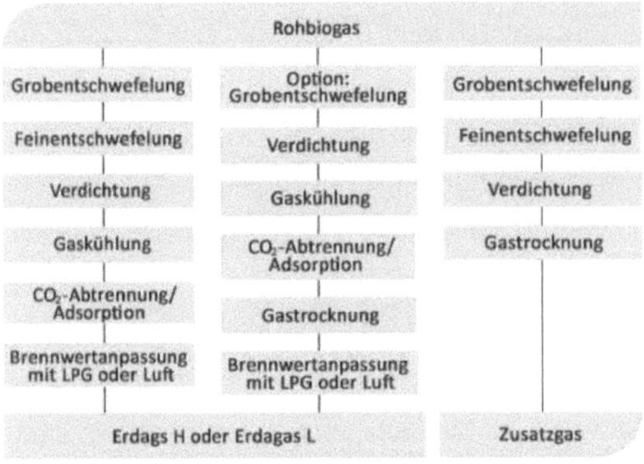

Abb.3.2: Der Weg vom Rohbiogas zur Erdgasqualität

3.2 Entschwefelung

Die Entschwefelung dient dem Verringern des Schwefelwasserstoffgehalts im Rohgas und lässt sich biologisch und chemisch bewerkstelligen. Zumeist wird des Weiteren erst eine Grob- dann eine Feinentschwefelung durchgeführt, was die Reinigungsleistung und die Qualität des Endprodukts erhöht. (Biogaspartner, 2011)

Biologische Entschwefelung erfolgt durch den Einsatz von Mikroorganismen. Diese verzehren durch deren Stoffwechsel Schwefelwasserstoffe und wandeln diese zu anderen Feststoffen und Gasen um. Diese Form der Entschwefelung kann sowohl im Fermenter als auch in einem nachgeschalteten Prozess stattfinden. Sie dient jedoch nur der Grobentschwefelung. (Biogaspartner, 2011)

Die chemische Form der Entschwefelung wird Feinentschwefelung bezeichnet. Sie basiert auf dem Einsatz von chemisch synthetisierten Eisensalzen oder Eisenoxiden. Diese werden auch im Fermenter oder einem nachgelagerten Prozess eingesetzt und binden den Schwefel adsorptiv. Die adsorbierenden Stoffen, wie z.B. Aktivkohle oder Zinkoxid, binden bei Umströmen den Schwefel an sich. Bei diesen Verfahren ist anzumerken, dass sie zwar den Schwefelgehalt deutlich reduzieren können, jedoch auch eine hohe Prozesstemperatur von ca. 100 – 400 °C benötigen. Daher fallen hohe Prozesskosten an. (Fraunhofer Institut, Abschlussbericht – Biogaseinspeisung, 06.2009)

3.3 Gastrocknung

Die Trocknung des Rohgases ist aus vielen Gründen sehr wichtig. Das DVGW-Regelwerk legt für das Verfahren Standards fest. Nach verschiedenen Aufbereitungsschritten wie z.B. der DWA (Druckwechseladsorption), welcher weiter unten genauer erläutert wird, ist eine Trocknung von Nöten, da der Wasserdampfgehalt sonst der späteren Nutzbarkeit des Gases entgegenwirkt. Ein bedeutender technischer Grund liegt darin, dass man der Korrosion an den Gasleitungsinnenwänden entgegenwirken will und deswegen dem Gas Wasserdampf entzieht. Die verschiedenen Gastrocknungsverfahren kann man in zwei Arten aufteilen. Es gibt zum einen Kondensationsverfahren und zum anderen adsorptive Gastrocknungsverfahren.

Bei der Kondensationstrocknung wird das Gas auf seinen Taupunkt gebracht, der bei ca. 3-5 °C liegt. Bei diesem Zustand setzt sich das Wasser am Boden des Behälters ab und kann abgeführt werden. Durch dieses Verfahren kann der vorher vorhandene Wasserdampfanteil von z.B. ca. 3.1 Vol- % bei 30 °C und Umgebungsdruck auf bis zu 0,15 Vol - % abgesenkt werden, was einer Korrosion deutlich entgegenwirkt. Verschiedene zusätzliche Verfahren wie die der Gaskomprimierung können die Tautemperaturen herabsetzen, was den erforderlichen Kühlbedarf verringert. Die herkömmlichen Kondensationsverfahren reichen jedoch nicht aus, um die DVGW Regelwerk festgelegten Standards einzuhalten. Deshalb werden adsorptive Verfahren genutzt, wenn das aufbereitete Gas eingespeist werden soll.

Adsorptive Gastrocknungsverfahren nutzen die Aufnahmefähigkeit von verschiedenen Granulaten, z.B. Kieselgele oder Aluminiumoxiden, um das Wasser zu binden. Die Granulate sind bei diesen Verfahren zumeist in Feststoffbehältern untergebracht, welche von dem Rohgas umströmt werden und bei diesem Prozess ihre Feuchtigkeit an dieses abgeben. Die Feststoffbehälter bzw. Absorber müssen je nach Art immer wieder regeneriert und aufbereitet werden, damit sie dauerhaft Feuchtigkeit aufnehmen können. Damit während diesen Regenerationsphasen ein kontinuierlicher Prozess fortgeführt werden kann, ist es notwendig einen zweiten Absorber im System zu haben. (Fraunhofer Institut, Abschlussbericht – Biogaseinspeisung, 06.2009)

3.4 CO_2 Abtrennung

Die CO_2 Abtrennung ist der aufwändigste Schritt in der Rohgasaufbereitungskette, da der Anteil an CO_2 neben Methan im Rohgas am größten ist. Hierfür haben sich mit der DWA – Druckwechseladsorption und der DWW – Druckwasserwäsche zwei gängige Möglichkeiten am Markt etabliert. Weitere verschiedene Möglichkeiten sind schon in wenigen Anlagen im Einsatz oder in der Erprobung und haben teilweise auch noch andere Schritte der Aufbereitung in sich integriert. Sie unterscheiden sich in den von ihnen erzielbaren Methangehalten im Produkt Bio-Erdgas, aber auch in ihrer technischen Ausgereiftheit und der Anzahl der damit betriebenen Anlagen, wie die Abb. 3.3 zeigt. Die diesbezüglich am weitesten Verbreiteten werde ich nun einer näheren Betrachtung unterziehen.

Verfahren	Wirkprinzip	erreichbarer Methananteil [%]	Anmerkungen
Druckwechsel-adsorption (DWA)	alternierende physikalische Adsorption und Desorption durch Druckwechsel	> 95	praxiserprobt; vorherige Entschwefelung und Trocknung notwendig; verhältnismäßig hohe Methanemissionen, ggf. Nachverbrennung erforderlich
Druckwasser-wäsche (DWW)	physikalische Absorption mit Wasser als Lösungsmittel; Regeneration durch Druckreduktion	> 98	praxiserprobt; Anpassung an Gasvolumenstrom; erfordert meist zusätzliche Entschwefelung und Trocknung; verhältnismäßig hohe Methan-emissionen, ggf. Nachverbrennung erforderlich
Aminwäsche	chemische Absorption mittels Waschlaugen (Amine), Regeneration über Wasserdampf	> 99	für große Gasvolumenströme; hoher Lösungs-mittelbedarf; hoher Wärmebedarf für Regeneration; sehr geringe Methanemissionen (0,1 %)
Genosorb-Wäsche	physikalische Wäsche analog DWW; Verwendung eines organischen Lösungsmittels (z.B. Genosorb)	> 96	sog. „BiogasVerstärker"-Verfahren; keine zusätzliche Entschweflung und Trocknung notwendig;
Membrantrennung	bei Porenmembranen Druckgefälle zur Gastrennung, sonst Diffusions-geschwindigkeit von Gasen	> 88	Pilotanlagen; geringe großtechnische Praxis-erfahrung

Abb. 3.3.: Verschiedene CO_2 Abtrennverfahren im Vergleich

3.4.1 DWA – Druckwechseladsorption

In der Druckwechseladsorption (engl. PSA – Pressure Swing Adsorption), einer der am meisten genutzten Gasaufbereitungstechnik, werden kohlenstoffmolekulare Siebe und Molekularsiebe (Zeolithe) eingesetzt, um das Rohgas zu reinigen. Dieses wird zuerst auf ca. 4-7 bar verdichtet und danach auf unter 40°C abgekühlt und wieder entspannt. Bei diesem Prozess scheidet sich schon im Kondensat gebundenes CO_2 ab. Nach dieser Verdichtung wird das Kondensat durch die oben genannten Siebe geleitet. Dabei wird das restliche CO_2 zu größten Teilen gebunden. Dieser Prozess wird durch häufiges Wiederholen noch verbessert. Die Technik der DWA ist durch häufigen Einsatz in verschiedenen Anlagen technisch ausgereift und liefert im aufbereiten Gas Methan Gehalte von über 98 Vol - %. (Fraunhofer Institut, Abschlussbericht – Biogaseinspeisung, 06.2009)

3.4.2 DWW – Druckwasserwaschung

Bei der Druckwasserwaschung wird CO_2 mit Wasser ausgewaschen. Das Rohgas wird auf einen Druck von etwa 7 bar komprimiert und auf eine Temperatur von etwa 25°C abgekühlt. Danach wird das Rohgas durch einen wassergefüllten Druckbehälter geleitet, in dem es dann „gewaschen“ wird. Dieser Prozess ist auch bei anderen Druck- und Temperaturzuständen möglich, z.B. bietet die Firma Flotech eine Anlage mit 7°C Prozesstemperatur an, was die Waschleistung erhöht, aber auch höhere Energiekosten mit sich bringt. Bei der DWW werden auch Schwefelwasserstoffe und Ammoniak gebunden und aus dem Rohgas entfernt, was weitere vor- oder nachgeschaltete Prozesse überflüssig macht. Jedoch ist nach der DWW eine Gastrocknung durchzuführen, da durch die Waschung, der Wasserdampfgehalt des Gases sehr stark gesteigert wird. (Fraunhofer Institut, Abschlussbericht – Biogaseinspeisung, 06.2009)

3,5 Genosorbwäsche

Die Genosorbwäsche ist eine Technik, die von der Firma HAASE Energietechnik seit 2006 vertrieben wird. Die Genosorbwäsche ist die einzige derzeit vorhandene und auch im Einsatz befindliche Rohgasaufbereitungstechnik, welche sowohl Kohlendioxid aus dem Gas löst, als auch eine Entschwefelung durchführt und zudem nach dem Prozess keine Gastrocknung benötigt.

Sie funktioniert prinzipiell genauso wie die DWW, jedoch nutzt sie nicht Wasser zum Waschen, sondern eine speziell entwickelte Waschflüssigkeit mit dem Namen „Genosorb“. Diese hat eine höhere Aufnahmefähigkeit für CO_2 und Schwefelwasserstoffe und wird im laufenden Prozess schon getrocknet. Die

Waschflüssigkeit kann bei niedrigen Temperaturen von ca. 50°C regeneriert werden und ist, laut Hersteller, bis zu 10 Jahre nutzbar. Dies setzt die Betriebskosten deutlich herunter. Der Hersteller empfiehlt jedoch auch eine vorgeschaltete Grobentschwefelung um die Waschflüssigkeit nicht zu überlasten. Die Waschung erfüllt die Auflagen der DVGW und kann somit als autarkes Aufbereitungssystem von Rohgas zur Erdgasqualität genutzt werden. (HAASE Energietechnik, 08.2009)

3.6 Aminwäsche

Aminwäsche ist eine neuartiges Verfahren der Biogasaufbereitung, welches zurzeit noch in der Erprobung ist. Die zwei gängigen Verfahren nutzen chemische Reaktionsmöglichkeiten von Waschflüssigkeiten, um das Gas zu reinigen. Diese chemischen Reaktionen haben einen wesentlich höheren Reinigungsgrad als z.B. die DWW. Deshalb wird auf diesem Gebiet viel Forschung und Entwicklung betrieben. Die im Moment vorhanden Möglichkeiten dieser Waschtechnik basieren auf folgenden Waschflüssigkeiten:

- MEA – Monoethanolamin, dieses wird genutzt, wenn nur CO_2 ausgewaschen werden soll. Es kann bei geringem Druck verwendet werden, benötigt nur eine niedrige Prozesstemperatur von 40°C.
- DEA – Diethanolamin, dieses hat eine bessere CO_2 Adsorptionsfähigkeit als MEA, ist jedoch auch gefährlicher für die Umwelt.

Beide Waschflüssigkeiten sind wassergefährdend und deshalb ist die Verwendung dieser etwas komplizierter. Diesbezüglich müssen besondere Standards eingehalten werden. Jedoch zeigen erste Studien und Feldversuche durchaus Erfolge mit dieser Technik. (Biogaspartner. 2011)

3.7 Einspeisung ins Erdgasnetz

Ist das Rohgas zu Bio-Erdgas aufbereitet worden, gibt es noch die schon unter 3.1 genannte Unterscheidung in Austauschgas oder Zusatzgas. Für beide Formen und deren Möglichkeiten zur Einspeisung gibt es regionsabhängige Bestimmungen, welche jeweils standortabhängig eingehalten werden müssen und im Vertragswerk zwischen Einspeisendem und Netzbetreiber geregelt ist. (Biogaspartner, 2011)

Die Einspeisestation, welche die Verbindung zwischen Erzeuger und Erdgasnetz bildet, muss nach den standortabhängigen DVGW Normen und Regeln aufgebaut sein. Dies kann je nach Region variieren. Die Station muss je nach Norm und vertraglichen Regularien folgende Komponenten enthalten:

- Ein Gasdruckregel- und Messanlage, um den Gasdruckzustand zu messen und zu regeln.
- Eine Gasnachverdichtungsstation, um die nötigen Druckzustände zu komprimieren.
- Ein Sauerstoffentfernungsmodul
- Eine LPG (Liquified Petroleum Gas) Zumischanlage
- Eine Luftzumischanlage
- Eine Odorierungsanlage
- Eine Gasbeschaffenheitsmessanlage

Die einzelnen Komponenten sind, wie oben beschrieben, abhängig von den Regularien, dem erzeugten Bio-Erdgas und dessen Qualität. Um die Qualität an die des im Netz vorhandenen Erdgases anzugleichen, wird über die LPG- oder Luftzumischanlage der Brennwert des einzuspeisenden Gases verändert. Auch der Sauerstoffgehalt wird gegebenenfalls über das Entfernungsmodul abgesenkt. Die Odorierungsanlage dient dem frühzeitigen Erkennen von Leckagen im Einspeiseprozess. Sie gibt dem Gas einen Geruchsstoff zu, was eine frühzeitige Erkennung durch das Betreiber Personal ermöglicht. (Viessmann, 2011)

Die gesamte Einspeiseanlage sollte, um eine bestmögliche Effizienz zu ermöglichen, zusammenhängend an einen Ort montiert sein und einheitlich regelbar sein. Hierfür gibt es inzwischen Anbieter wie z.B. Viessmann in Kooperation mit der Carbotech Schmack GmbH. Diese produzieren die gesamte Einspeiseanlage schlüsselfertig und installieren diese. Des Weiteren bieten sie auch Schulungen in der Steuerung ebendieser Anlagen an oder aber übernimmt die Steuerung der Anlagen, wenn dies erwünscht ist. (Viessmann, 2011)

4. Rechtliche und ökonomische Möglichkeiten

4.1 Vermarktung des Bio-Erdgases über Biomethanhändler

Die Einspeisung von Bioerdgas ins Erdgasnetz und der Verkauf an Dritte wird zur Zeit meistens über sogenannte Biogas- oder Erdgashandelsgesellschaften geregelt. Ein eigenständiges Verwalten der verschiedenen Regularien und Vertragswerke beansprucht für den Biogas-Erzeuger viel Zeit und ist zudem relativ aufwändig und komplex. Eine staatliche Gesellschaft oder Plattform zum Handel und Abwicklung der Einspeisung ist gerade im Aufbau.

Aus diesem Grund haben sich in den letzten Jahren einige Unternehmensgruppen gebildet, welche den Handel mit dem Bio-Erdgas betreiben. Eine der größten in Deutschland agierenden Firmen ist die von der Deutschen Energie-Agentur unterstützte „bmp greengas" GmbH mit Sitz in München. Deren Tätigkeitsfeld deckt den Bereich von der Einspeisung bis zur Abnahme des Bioerdgases mit allen zugehörigen Bestimmungen und Verträgen. Sie agieren gleichsam als Unterhändler zwischen den Marktakteuren (Lieferanten, Netzbetreibern und Nutzern). (bmp greengas, 2011)

Die bmp greengas GmbH gliedert den Biogashandel in ihrem Geschäftsfeld in 4 Handelsebenen ein: (bmp greengas, 2011)

- Kaufmännischer Vertrag: Vereinbarungen unter den Marktakteuren über Liefermengen, Qualität und deren Lieferbedingungen.
- Herkunftsnachweis: Dieser ist von einem unabhängigen Sachverständigen zu erstellen. Es geht dabei vor allem darum, die Möglichkeiten der Erfüllung der verschiedenen Vergütungsanspruche nach EEG nachzuweisen und somit zu ermöglichen.
- Bilanzierungskreislauf: Der Transportkunde des Biogases muss mit dem Netzbetreiber einen Biogas-Bilanzkreisvertrag schließen, um den Transport im Gasnetz zu regeln.

- Physischer Transport: Für den Transport vom Produktionsstandort zum Gasnetz und später zum Nutzer ist es notwendig, einen Netzanschluss zu legen und über die Nutzung zur Einspeisung und der späteren Ausspeisung vertragliche Regularien zu bestimmen, was technische Anforderungen und Qualitätsanforderungen betrifft.

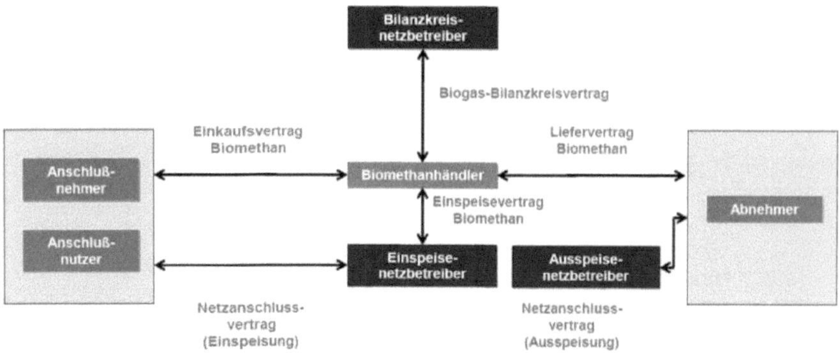

Abb.4.1: Vertragsbeziehungsstruktur bei der Bioerdgasvermarktung

Die Abb. 4.1 zeigt die vertraglichen Zusammenhänge zwischen Marktakteuren bei der Erdgasnetznutzung. Die verschiedenen Verbindungen werden mit einzelnen Verträgen geregelt, welche in der Gesamtheit vom Biogas-Bilanzkreisvertrag geregelt sind und zwischen dem Transportkunden (Biomethanhändler) z.B. „bmp greengas" und dem Bilanzkreisnetzbetreiber geschlossen werden. Die Bilanzierung besteht aus der Verrechnung der Mehr- oder Mindermengen an ein- oder ausgespeisten Gasmengen. (Biogaspartner. 2011)

Der Gasproduzent schließt einen Netzanschlussvertrag mit dem Einspeisenetzbetreiber, welcher die Netzanschlussregelungen umfasst. Über diesen wiederum wird ein Einspeisevertag mit dem Biomethanhändler und von diesem ein Einkaufsvertrag mit dem Einspeiser geschlossen. Diese drei Verträge regeln dann die Menge und die Qualität des Bio-Erdgases. (Biogaspartner. 2011)

Der Biomethanhändler liefert dann über einen Ausspeisevertrag mit dem Ausspeisenetzbetreiber und einem Liefervertrag mit dem Gasabnehmer das

Bioerdgas. Somit fungiert der Biomethanhändler in allen Schritten des Biogashandels als Unterhändler und Vertragspartner. Dies ist die zurzeit am meist genutzte Möglichkeit des Biogashandels in Deutschland.

Eine neue Form des Biogashandels ist eine sich gerade im Aufbau befindende Plattform im Internet der Deutschen Energie-Agentur. Diese versucht den oben beschrieben Bilanzkreislauf für alle Nutzer zu vereinfachen. Der Ablauf des Gesamtprozesses ist der Gleiche, jedoch läuft jetzt der gesamte Prozess über ein Register, in das sich alle Marktakteure eintragen können. Dieses bietet somit einen besseren Überblick über die einzelnen Prozessschritte und die darin verwickelten Akteure und macht den Prozess für ebendiese einfacher. (Biogasregister, 2011)

4.2 Einspeisung in das Erdgasnetz

Der Erdgasnetzbetreiber ist nach der Gas-Netz-Verordnung (GasNZV) dazu verpflichtet, das Bio-Erdgas ins Netz einzuspeisen, wenn es die nötigen Regularien der DVGW und der GasNZV einhält. Das Bio-Erdgas muss nur den Regularien entsprechen und druckfrei an die Einspeisestation geliefert werden. Der Träger der Kosten für die Bereitstellung der Anlage und den Betrieb wird im Einspeisevertrag festgesetzt. In der Praxis ist hier zumeist eine 50/50 Regelung der Standart. Die Vergütung, die der Bio-Erdgaseinspeiser vom Netzbetreiber erhält, wird im Einspeisevetrag geregelt und ist gesetzlich nicht festgelegt. Somit muss bei Vertragsverfassung ein Vergütungssatz ausgehandelt und bestimmt werden. Ist über ein Bio-Erdgas Händler ein Abnehmer für das Bio-Erdgas vorhanden, ist der Preis für das eingespeiste Bio-Erdgas auch abhängig von dem Preis, welcher der Abnehmer zu zahlen bereit ist. Dies wird dann auch über den Bio-Erdgas Händler ausgehandelt. (Fraunhofer Institut, Abschlussbericht – Biogaseinspeisung, 06.2009)

Die Höhe der Vergütung sollte natürlich die Kosten des Einspeisers decken und seinen unternehmerischen Wünschen entsprechen, was jedoch nur gewährleistet wird, wenn die Biomethanhändler und Netzbetreiber einer Vergütung in der benötigten Höhe zustimmen. Hierfür gibt es noch keine gesetzlichen Regelungen, was ein Problem der Einspeisung darstellt. Hier muss der Einspeiser möglichst frühzeitig einen zufriedenstellenden Preis aushandeln, um seinen Betrieb auch kostendeckend zu gewährleisten. (Eon – Avacon, 2009)

Ist dies im Vertragswerk geregelt, kann der Biogasanlagenbetreiber das Biogas in das Erdgasnetz einspeisen und sich die vom Gaszähler gemessene Menge vom Netzbetreiber vergüten lassen.

4.3 Zukunftsperspektiven

Ein Konsortium von verschiedenen Unternehmen, Behörden, Energie- und Biogasinitiativen ist gerade dabei, eine gesetzliche Neuregelung der Einspeisung in die Wege zu leiten. Dieser neue Gesetzentwurf nennt sich EGE „Erneuerbares-Gas-Einspeisegesetz“. Dieser ist in seinen Grundzügen fertig verfasst und ist nun auf dem Weg als Gesetzesinitiative durchgesetzt zu werden. (Biogas e.V., 2010)

Das EGE soll Folgende Kernpunkte umfassen (Biogas e.V., 2010):

- Der Gasnetzbetreiber ist verpflichtet, Biogasanlagen ans Netz anzuschließen, Biogas abzunehmen und zu vergüten.
- Die veranschlagte Vergütungshöhe muss Planungssicherheit ermöglichen, marktorientiert sein und kostendeckend für den Erzeuger sein.
- Die Biogaskunden oder -abnehmer kommen nur für die zusätzlichen Kosten der Differenz der Vergütung von Erdgas und Biogas auf.

Der Netzanschlussnehmer, also Biogaserzeuger und -aufbereiter, muss die Kosten des Netzanschlussbegehrens, also des Antrags für den Netzanschluss, tragen. Der Netzbetreiber übernimmt die Anschluss-, Betriebs- und Wartungskosten des Netzanschlusses. In einem Netzanschlussvertrag soll die Planung und Realisierung von beiden Seiten vereinbart werden. Die Kosten für den Vertrag sollen fest geregelt geteilt werden. Hierbei schwankt man zwischen Aufteilungen von 50/50 oder 25/75 für den Netzanschlussnehmer. (Biogas e.V., 2010)

Dieses Modell soll in der Zukunft den Bio-Erdgashandel erleichtern und vor allem die vertraglichen Regularien vereinfachen. Des Weiteren fördert es den Ausbau von Bioerdgasgewinnungs- und Aufbereitungsanlagen, da diese dann mit auf Dauer planbarer kostendeckender Vergütung rechnen können, was den Betrieb der Anlagen wirtschaftlich macht.

4 Direktvermarktung

Die Möglichkeit der Selbstvermarktung von Bio-Erdgas bietet sich in der Form von Bio-Erdgastankstellen an. Diese können am Produktionsstandort installiert und von Betriebsfahrzeugen genutzt werden. Auch Verträge mit anderen Abnehmern, welche das Bioerdgas für ihre Fahrzeuge verwenden möchten, sind möglich.

Auch die Nutzung als allgemein nutzbare Tankstelle für Bioerdgas ist möglich. Ein solches Projekt startet am 10.04.2011 von der Firma „Erdgas Schwaben" GmbH in Gersthofen Bayern bei Augsburg. Diese wirbt damit, Bio-Erdgas aus 100% nachwachsenden Rohstoffen zu verkaufen, um dem Kunden somit das Fahren ohne Verursachen von CO_2 zu ermöglichen. (Erdgas Schwaben, 2011)

4.5 Ökonomische Betrachtung des Prozesses

4.5.1 Berechnungsbeispiel für den Prozess

Das Fraunhofer Institut für Umwelt-, Sicherheits- und Energietechnik UMSICHT hat im Juni 2009 einen Abschlussbericht des Bundesministeriums für Bildung und Forschung zum Thema der Biogaseinspeisung veröffentlicht. Aus diesem Bericht werden in der folgenden Darstellung Rechnungsbeispiele und Zahlen verwendet, um das dargelegte Thema auch betriebswirtschaftlich zu beleuchten. Die einzelne Berechnung, der vom Fraunhofer Institut gewonnen Zahlen, war in dieser Form nicht möglich. Die Daten, aus denen das Fraunhofer Institut seine berechneten Zahlen entnimmt, stammen aus einer freiwilligen Umfrage aller Biogaserzeuger- und

Aufbereitungsunternehmen, welche in den Jahren 2007 und 2008 verzeichnet waren. Die darin aufgelisteten Kosten werden als betriebswirtschaftliche Vollkosten netto vor Steuern kalkuliert und enthalten die Investitions- und Betriebskosten, jedoch keine Versicherungskosten oder eine dynamische Anpassung an Teuerungsraten der einzelnen Variablen. Kosten und Daten, welche nicht vom Umfrageteilnehmer angegeben wurden, wurden auf Basis andere Anlagen abgeschätzt oder beim Hersteller oder Erbauer erfragt.

Die Kosten für die Biogasgewinnung, -aufbereitung und -einspeisung ins Erdgasnetz setzen sich aus den Kosten für die genutzte Biomasse als Grundstoff, die Betriebskosten bei der Gasgewinnung, die Kosten der Biogasaufbereitung und die eigentlichen Gaseinspeisungskosten zusammen. Für diesen Prozess wurden jeweils zwei Beispielrechnungen durchgeführt. Die erste mit einer Biomassezusammensetzung von 90% Gülle und 10% Maissilage (im Folgenden wird Gülle BGA abgekürzt), die andere mit einen umgekehrten Verhältnis der beiden Grundstoffe (im folgenden NaWaRo BGA abgekürzt).

Als erstes stehen die Kosten für die Gewinnung des Biogases zu Buche. Aus allen Kosten für Investition und Betrieb lassen sich folgende Zahlen für die beiden Beispiele ermitteln:

Spezifische Kosten für das Rohbigas aus: 90% Gülle, 10 % Maissilage	Einheit	Anlagendurchsatz in Nm²/h		
		100	250	500
Kosten je Nm³ Rohgas	ct/Nm³	27,18	25,71	23,18
Kosten je Nm³ Methan	ct/Nm³	47,68	45,1	40,66
Kosten je KWh Methan (Normzustand)	ct/KWh	4,78	4,52	4,08

Tab. 4.1: Spezifische Kosten Gülle BGA, Rohgas

Spezifische Kosten für das Rohbiogas aus: 10% Gülle, 90 % Maissilage	Einheit	Anlagendurchsatz in Nm²/h				
		250	500	1000	1500	2000
Kosten je Nm³ Rohgas	ct/Nm³	33,8	31,96	30,64	28,79	29,31
Kosten je Nm³ Methan	ct/Nm³	63,77	60,29	57,82	56,2	55,3
Kosten je KWh Methan (Normzustand)	ct/KWh	6,4	6,05	5,8	5,64	5,55

Tab. 4.2: Spezifische Kosten NaWaRo BGA, Rohgas

Aus diesen Daten lässt sich herauslesen, dass die Kosten für Methan im Biogas, welches man am Ende der Aufbereitungskette ja zu einem möglichst großen Anteil herauslösen will, bei einer Anlage mit hohen Gülleanteil günstiger in der Herstellung ist, als bei einer Anlage mit einem hohen Maissilageanteil. Hervorgerufen ist dieses Ungleichgewicht durch höhere Substratkosten für die Maissilage, höhere Investitionskosten zur Vorlagerung der Maissilage in einem Substratlager sowie durch nötige Ruhrwerke im Fermenter, die eine gleichmäßige Vergärung gewährleisten sollen. Biogas aus Gülle hat aber auch einen höheren Methangehalt (ca. 57%) als aus Maissilage (ca. 53%), was die Ergebnisse nur bedingt vergleichbar macht.

Den ersten Schritt der Aufbereitung, die Grobentschwefelung, hat das Fraunhofer Institut für verschiedene Verfahren durchgerechnet. Die kostengünstigste Variante ist die Biologische Entschwefelung. Für diese haben sie folgende Daten für die zwei Beispielfälle errechnet:

Grobentschwefelungsverfahren aus Rohbiogas der Gülle BGA	Einheit	Biowäscher	
Anlagenkapazität	Nm³/h	250	500
Kosten je Nm³ Rohgas	ct/Nm³	1,31	0,71
Kosten je Nm³ Methan	ct/Nm³	2,3	1,24
Kosten je KWh Methan	ct/kWh	0,23	0,12

Tab. 4.3: Spezifische Kosten Gülle BGA, Grobentschwefelung

Grobentschwefelungsverfahren aus Rohbiogas der NaWaRo BGA	Einheit	Biowäscher		
Anlagenkapazität	Nm³/h	1000	1500	2000
Kosten je Nm³ Rohgas	ct/Nm³	0,34	0,23	0,18
Kosten je Nm³ Methan	ct/Nm³	0.86	0,44	0,34
Kosten je KWh Methan	ct/kWh	0.06	0,04	0,03

Tab. 4.4: Spezifische Kosten NaWaRo BGA, Grobentschwefelung

Der Ausarbeitung des Instituts ist zu entnehmen, dass der größte Teil der Kosten, die Verbrauchskosten darstellen. Damit ist die Dosierung des biologischen Stoffes gemeint, welcher dem Gas den Schwefel entzieht. Dies ist mit Blick auf die Zahlen der beiden Tabellen ersichtlich, da die Grobentschwefelung bei dem Gülle BGA deutlich teurer ist. Dies lässt sich darauf zurückführen, dass Biogas aus Gülle einen deutlich höheren Schwefelanteil hat, als Biogas aus Maissilage. Somit muss hier die Dosierung der biologischen Stoffe höher angesetzt werden, was die Kosten für den Prozess steigen lässt.

Für die CO_2 Abtrennung vorhandene Verfahren sind bei der Studie im Einzelnen und im Vergleich dargestellt. Sie sind für den allgemeinen Prozess kalkuliert und nicht auf spezielle Zusammensetzungen des Rohgases, was jedoch in dem Fall der CO_2 nur geringen Einfluss hat und somit zu vernachlässigen ist. Die folgende Tabelle stellt diese mit den Kosten für das Endprodukt „Produktgas", also Biogas in Erdgasqualität im Vergleich dar.

Spez. Kosten der CO2 – Abtrennverfahren in ct/kWh	Anlagendurchsatz in Nm³/h				
	250	500	1000	1500	2000
PSA- Schmack CARBOTECH GmbH	2,26	1,64	1,31	1,24	1,26
PSA-Cirmac	k.A.	1,65	k.A.	k.A.	k.A.
DWW – Malmberg	2,19	1,56	1,25	1,23	1,18
DWW – Flotech	2,52	1,79	1,55	k.A.	k.A.
Aminwäsche - Cirmac LP Cooab	k.A.	1,72	k.A.	k.A.	k.A.
Aminwäsche - MT Energie	1,96	1,58	1,35	1,27	1,23

Tab. 4.5: CO_2 - Abtrennverfahren im Vergleich

Dieser Vergleich zeigt, das sich die einzelnen Verfahren, was ihre spezifischen Kosten nicht sehr unterscheiden. Mit steigender Anlagengröße werden bei allen Verfahren die Kosten pro kWh geringer.

Als letzter Posten bei der Rohbiogasaufbereitung stehen die Kosten für den Netzanschluss zu Buche. Die Daten die das Fraunhofer Institut hierfür verwendet hat sind aus den Erfahrungen und Daten zusammengestellt, welche die befragten im Betrieb befindlichen Projekte übermittelt haben. Diese können jedoch regional sehr verschieden sein und sind deshalb nur als Durchschnittswerte zu verstehen.

Gewählte Netzanschlusskosten für die Modellfälle der Studie	Einheit	Anlagendurchsatz Nm³/h				
Rohbiogasmenge	Nm³/h	250	500	1000	1500	2000
Produktgasvolumenstrom	Nm³/h	133	265	530	795	1060
spez. Netzanschlusskosten	ct/kWh	0,17	0,15	0,12	0,13	0,15

Tab. 4.6: Netzanschlusskosten für verschiedene Anlagengrößen und Produktgasmengen

Die Tabelle zeigt, dass die Netzanschlusskosten im Durchschnitt sehr gering sind und nicht unbedingt proportional zur Anlagengröße sich verringern.

Als letztes habe ich nun die einzelnen Posten zusammengebracht und in einer Tabelle die zwei genannten Beispiele durchgerechnet um die jeweiligen Kosten zur Biogasgewinnung und Aufbereitung ungefähr zu benennen.

Erzeugungs- und Aufbereitungskosten für Biogasanlagen mit verschiedenen Anlagendurchsätzen Nm³/h	Kosten ct/kWh Methan		
	500	1000	2000
	Gülle BGA	NaWaRo BGA	NaWaRo BGA
Biogaserzeugung	4,08	5,8	5,55
Grobentschwefelung	0,12	0,06	0,03
CO2 - Abtrennung	1,56	1,25	1,18
Netzanschlusskosten	0,15	0,12	0,15
Gesamtkosten	**5,91**	**7,23**	**6,91**

Tab. 4.7: Zusammenfassende Gesamtkosten der Biogasgewinnung und Aufbereitung

Aus dieser Tabelle lässt sich erkennen, dass es der Produktions- und Aufbereitungsprozess von Biogas ermöglicht, Bio-Erdgas zu einem Preis zwischen ca. 6-7 ct/kWh, mit den zurzeit gegebenen technischen Möglichkeiten, zu produzieren. Des Weiteren ist im Vergleich zu sehen, dass kleinere Anlagen mit hohem Gülle-Anteil kostengünstiger arbeiten als Großanlagen, welche mit NaWaRo betrieben werden. Jedoch ist auch bei diesen ab einer gewissen Größe ein Kostenrückgang zu verzeichnen.

4.5.2 Analyse der Ergebnisse

Die Zahlen der Zusammenfassung ergeben einen Bio-Erdgaspreis von ca. 6-7 ct/kWh. Demgegenüber steht ein durchschnittlicher Erdgaspreis von ca. 5 ct/kWh. Somit liegt der Bio-Erdgaspreis leicht über dem normalen Erdgaspreis, d.h Bio-

Erdgas ist somit etwas teurer. Es ist jedoch zu erwarten, dass sich die einzelnen Verfahrensschritte in der Produktion und Aufarbeitung in der Zukunft weiter verbessern werden und somit auch hieraus eine Kostensenkung entstehen wird, was ein weiteres Angleichen der Preise hervorrufen würde.

Die Kosten für den Prozess sind überschaubar, was eine weitere Nutzung des Gases z.B. in einem BHKW oder die Einspeisung ins Erdgasnetz durchaus sinnvoll erscheinen lässt und auch schon von manchen Betreibern genutzt wird. Durch die Nutzung in einem BHKW können verschiedene Vergütungs- und Förderungssätze genutzt werden um einen höheren Gewinn bei der Bio-Erdgasnutzung zu erlangen, was die Nutzung von diesem noch interessanter macht.

Fazit

Die eingehende Betrachtung des Produktions- und Aufbereitungsprozesses ergaben, dass die Biogastechnik eine Technik mit hoher Variabilität ist, welche auf einem schon hohen technischen Niveau verfügbar ist und bereits jetzt kommerziell eingesetzt wird. Durch die Möglichkeit, verschiedene Rohstoffe bei der Biogasproduktion zu nutzen, besteht keine Saisonabhängigkeit für bestimmte Substrate und die Anlagen können somit das ganze Jahre über kontinuierlich mit verschiedenen Substraten produzieren. Da auch Abfälle aus privaten oder industriellen Bereichen genutzt werden können, dient diese Technik zudem der Müllverwertung. Auch die landwirtschaftlichen Betriebe könnten von diesen Techniken profitieren, da sie die von ihnen erzeugten Rest- und Abfallstoffe (Mist, Gülle) und Substrate nutzen und nach der Gasgewinnung die Reststoffe auch direkt wieder einsetzen können.

Der weitere Ausbau dieser Gasanlagen kann in Zukunft eine Möglichkeit sein, gerade auch für Deutschland, den eigenen Bedarf an Energie zu großen Teilen in Form von Biogas bzw. Bio-Erdgas zu decken. Hierbei muss jedoch darauf geachtet werden, dass der Ausbau von großen Anlagen nicht auch die Verbreitung vom monokulturellen Anbau von Energiepflanzen fördert. Um diesem entgegenzuwirken, ist vor allem der Ausbau von kleinen dezentralen Anlagen von Nutzen. Diese sind nicht nur nach meiner Auswertung kostengünstiger in Betrieb, sie haben auch den großen Vorteil, dass sie keine großen, homogenen Substratmengen benötigen, was den logistischen Aufwand für diese minimiert. So ist es möglich, dass einzelne landwirtschaftliche Betriebe Biogasanlagen betreiben und mit verschiedenen anderen Betrieben Zulieferverträge schließen, um z.B. deren Gülle in ihrer Anlage zu nutzen. Dadurch könnten große Mengen sonst entstehender Abfälle und aggressiver Dünger verwertet und im Nachhinein als hochwertiger Dünger genutzt werden.

Bei einem kontinuierlichen Betrieb der Produktion und der Aufbereitungsanlagen kann das Biogas auch dementsprechend konstant ins Gasnetz eingespeist werden, was vertragliche Rahmenbedingungen vereinfacht. Die technischen Möglichkeiten dieses Verfahrens sind gegeben und in den letzten Jahren auch vermehrt genutzt worden. Diesbezüglich ist jedoch eine Neuregelung, wie die erwähnte Gesetzesinitiative zum Erneuerbare-Gas-Einspeisegesetz, durchzusetzen, um hier vertragliche Bindungen zwischen Produzent und Netzbetreiber zu vereinfachen und zu standardisieren. Die somit gewonnene Planungssicherheit könnte weitere neue Anlagen fördern und ermöglichen.

Die eigene Produktion eines Energieträgers, welcher dann auch in Deutschland aus dem „Erdreich" gefördert werden kann, ist mit den genannten Techniken möglich und sollte nach meiner Einschätzung auch genutzt werden. Wenn man die einzelnen Prozesse der Kette genauer untersucht, ist es schwer, einen negativen Aspekt dabei zu finden, welcher diese Technik nicht effizient nutzbar machen sollte. Da sie schon jetzt durch Förderung rentabel ist und in Zukunft durch weitere Innovationen auch ohne Subventionen rentabel sein kann, ist ein Ausbau dieser Technik in Deutschland sinnvoll. Das einzige Problem, dass sie mit sich bringen kann, ist die aus großflächiger Nutzung notwendig werdende Einheitlichkeit des Substrats, auf welches die Betreiber angewiesen wären. Die größte Effektivität haben die Biogasanlagen jedoch in Form von Kleinanlagen. Deshalb sollten ebendiese gefördert werden.

Nachdem sich gerade in den letzten Jahren die Bedingungen der Gewinnung, Abbau und der Förderung fossiler Energieträger in den Herkunftsländern verschlechtert hat, ist ein weiterer Ausbau der Biogastechnik eine eindeutige Alternative. Während die Preise für fossile Energieträger einer kontinuierlichen Steigerung unterliegen, sind organische Abfallprodukte, Mist und Gülle fast kostenfrei in großen Mengen zugänglich. Der Anbau von NaWaRo ist ebenfalls in großen Mengen in Deutschland möglich. Die Verwendung stillgelegter Nutzflächen der Landwirtschaft zum Anbau von NaWaRo würde gerade auch einheimischen Landwirten zugute kommen. Somit kann die Biogastechnik einen großen Anteil daran haben, in der Zukunft den Anteil von regenerativ gewonnener Energie in Deutschland zu erhöhen, und die klimapolitischen Ziele der Bundesregierung zu erreichen.

Abbildungsverzeichnis

Tabellenverzeichnis

Quellenverzeichnis

- Agentur für Erneuerbare Energien, www.unendlich-viel-energie.de, Zugriff am 10.03.2011
- Agentur für Erneuerbare Energien, „Potentialatlas Sonderausgabe Bioenergie", 12.2009
- „bmp greengas" GmbH, http://www.bmp-greengas.de/wissen-biogas/ , Zugriff am 17.11.2011
- Deutsches Biomasse Forschungszentrum, „Stand der Aktuellen Entwicklung der Biogasbranche", 12.2009
- Deutsche Energie Agentur, „Biogaspartner, gemeinsam einspeisen", 05.2010
- Deutsche Energie Agentur, www.biogaspartner.de, Zugriff am 11.03.2011
- Deutsche Energie Agentur, www.biogasregister.de, Zugriff am 17.03.2011
- Energie Lexikon, www.enrgievergleich.de/energielexikon, Zugriff am 23.03.2011
- Eon – Avacon, FAQ-Liste zur Biogaseinspeisung in Erdgasnetze, http://www.eon-avacon.com/cms/ContentFiles/Internet/Downloads/Netz%20FAQ-Liste_Fragen_Biogaseinspeisung_20.03.2009.pdf, Zugriff 17.03.2011
- Erdgas Schwaben GmbH, http://www.boerse-Zgo.de/nachricht/Deutschlands-erste-100-Bio-Erdgas-Tankstelle-in-Gersthofen,a2491537.html, Zugriff am 17.03.2011
- Fachagentur für Nachwachsende Rohstoffe e.V., www.biogasportal.info, Zugriff am 11.03.2011
- Fachagentur für Nachwachsende Rohstoffe e.V. „Durchblick Erneuerbare Energiepflanzen", Dezember 2010

- Fachverband Biogas e.V., Fachtagung Thüringen „Warum die Biogasbranche und die Landwirtschaft ein Erneuerbares-Gas-Einspeisegesetz EGE brauchen", Pfillelbach 10.03.2010

- Fraunhofer Institut für Umwelt-, Sicherheits- und Energietechnik UMSICHT, Bundesministerium für Forschung und Entwicklung, „Abschlussbericht Biogaseinspeisung", Version 4.17 vom 29.06.2009

- HAASE Energietechnik, „Nutzung von Biomethan als KFZ-Treibstoff und für die Einspeisung in das Erdgasnetz", 08.2009

- Viessmann Werke GmbH & Co. KG, Biogasanlagentechnik in Kooperation mit der Carbotech Schmack GmbH, http://www.viessmann.de/de/Industrie-Gewerbe/Produkte/Biogasanlagen/Carbotech_Gasaufbereitung/wirtschaftlich_planen.html, Zugriff am 24.03.2011